# L'ARITHMÉTIQUE

DE

## MADEMOISELLE LILI

# L'ARITHMÉTIQUE

DE

# MADEMOISELLE LILI

A L'USAGE DE M. TOTO

POUR SERVIR DE PRÉPARATION A L'ARITHMÉTIQUE DU GRAND-PAPA

PAR JEAN MACÉ

VIGNETTES PAR FRÖLICH

TEXTE PAR GRAMONT

Lili apprend à Toto qu'il a cinq doigts.

BIBLIOTHÈQUE
D'ÉDUCATION ET DE RÉCRÉATION
J. HETZEL, ÉDITEUR, 18, RUE JACOB

STRASBOURG, TYPOGRAPHIE DE G. SILBERMANN

## BEAUX PROJETS DE M. TOTO

Monsieur Toto a confié au papa de M^lle Lili, qui est son oncle à lui, que quand il serait grand il gagnerait beaucoup d'argent, pour donner à sa maman une robe en or, un chapeau en or, une voiture en or, et à sa cousine Lili une poupée en or et un ménage en or. Toto donnera aussi à Marguerite, sa vieille bonne, qu'il aime beaucoup, des casseroles et des fourneaux en or. Marguerite sera bien contente; elle n'aura plus besoin de se donner tant de peine pour récurer. L'oncle a dit à son neveu que c'étaient là de très-bonnes idées, mais que pour devenir un grand homme d'affaires il fallait d'abord apprendre à compter. Toto n'a pas demandé mieux, et c'est sa bonne qui lui donne sa première leçon, en lui montrant à compter sur ses doigts jusqu'à *cinq*. Marguerite, on le comprend, est très-intéressée aux progrès de M. Toto. Mais j'espère bien qu'elle ne servira pas des omelettes ou des côtelettes en or à M. Toto pour son déjeuner. M. Toto s'apercevrait bien vite que l'or n'est pas tout en ce monde et que s'il vaut quelque chose, c'est qu'on peut l'échanger contre des choses bien meilleures que lui. Quand on en a de trop on doit s'en servir pour secourir les autres suivant leurs besoins.

LES CINQ DOIGTS DE M. TOTO

Toto sait déjà très-bien compter un, deux, trois, quatre, cinq, sur les doigts de sa main droite, en commençant par le pouce. Pour les lui faire mieux reconnaître, Marguerite a mis à chacun des doigts de sa main droite une cravate rouge. Lili rend cela encore plus joli, en dessinant de petites figures sur les ongles de sa bonne. Alors, comme ce sont des messieurs, Toto a dit qu'il faut leur donner des noms. « Dans mon pays, répond Marguerite, voici comment les appellent les petits enfants : Poucerot, Lichepot, Longi, Malappris, Petit doigt du paradis. » C'est drôle; mais Toto aimerait mieux des noms de militaires, parce qu'il aime aussi beaucoup à jouer aux soldats. Pour le contenter, on a trouvé ces autres noms : 1, le Sergent; 2, le Cuisinier; 3, le Brave; 4, le Conscrit; 5, le Fifre. Cela fait toute une compagnie.

# NUMÉRATION

LES VINGT CERISES DE M. TOTO

Marguerite épluche des cerises pour faire une tarte, et Toto lui aide à ôter les noyaux. La tante de Toto lui a permis, pour sa peine, de manger vingt cerises, mais à condition qu'il les compterait. A chaque cerise, Marguerite lui fait faire une petite raie sur une ardoise : d'abord cinq raies l'une à côté de l'autre, comme les cinq doigts de la main — puis une seconde rangée de cinq raies qui complète la dizaine — six, sept, huit, neuf, dix — enfin deux autres rangées formant une seconde dizaine — onze, douze, treize, quatorze, quinze, seize, dix-sept, dix-huit, dix-neuf, vingt. Les vingt noyaux de cerises qui restent seront très-utiles à M. Toto pour repasser sa leçon.

# NUMÉRATION

| 91 | 92 | 93 | 94 | 95 | 96 | 97 | 98 | 99 |
|---|---|---|---|---|---|---|---|---|
| 81 | 82 | 83 | 84 | 85 | 86 | 87 | 88 | 89 |
| 71 | 72 | 73 | 74 | 75 | 76 | 77 | 78 | 79 |

LA RÉCOLTE DU NOYER DE Mlle LILI

Il s'agit pour Lili de compter avec Toto toutes les noix de la récolte de leur noyer. On a donné aux enfants beaucoup de petits sacs et ils mettent dix noix dans chaque sac. Un sac représente donc une *dizaine;* dix sacs pleins font dix dizaines, ce qui s'appelle un *cent.* Lili fait compter à Toto tous les nombres jusqu'à cent : vingt et un, vingt-deux, vingt-trois, vingt-quatre... trente... quarante... cinquante... soixante... soixante-dix... quatre-vingts... quatre-vingt-dix... CENT! Toto apprend ainsi comment tous ces nombres s'écrivent : jusqu'à dix, un seul chiffre; de dix à cent, deux chiffres; pour cent il faut trois chiffres, dont deux zéros. Lili a appris à Toto que le zéro n'est rien tout seul, mais que, placé à la droite d'autres chiffres, il leur donne une valeur dix fois plus grande. Un chiffre quelconque a la même puissance.

# NUMÉRATION

DIX SACS DANS UNE BOITE

Tous les sacs sont pleins; il y en a un grand nombre et il y a 6 noix de reste. Lili met tous les sacs dans des boîtes pareilles. Chaque boîte contient dix sacs, dix dizaines ou un cent de noix. Voilà dix boîtes pleines : cela fait donc dix fois cent, ce qui s'appelle un mille. Toutes les boîtes pleines, il reste trois sacs; Lili apprend à Toto que pour écrire mille en chiffres, il suffit d'ajouter un zéro à la droite de 100; comme ceci — 1000. Puis Toto compte tous les nombres depuis cent jusqu'à mille : cela apprend très-bien. Toto à présent n'a plus besoin de ses doigts, et il sait qu'il peut compter de la même façon non-seulement des noix, mais des chevaux, des moutons, des bonbons et jusqu'aux étoiles. Quand on compte il n'y a plus que des unités, des dizaines, des centaines, des mille etc. : car ce n'est pas fini.

DIX BOITES POUR UN PANIER

Lili et Toto sont allés ensuite chercher de grands paniers pour ranger leurs boîtes. Dans chaque panier Lili a mis dix boîtes de 100 noix, ou de 10 sacs qui contiennent chacun 10 noix. Cela fait donc 1000 noix dans chaque panier, il y a deux paniers ainsi remplis, et cinq boîtes de reste. Maintenant voici le compte : 2 paniers, 5 boîtes, 3 sacs et 6 noix, ou en langue de calcul 2 mille, 5 cents, 3 dizaines, 6 unités, ce qui s'écrira ainsi, en commençant par les mille : 2536. Après avoir terminé leur laborieuse opération et en avoir écrit le résultat sur un morceau de papier, Lili et Toto vont trouver la maman de Lili, qui est si contente de savoir au juste combien elle a de noix, que, pour ne pas l'oublier, elle demande à garder le papier. Toto est très-fier de ce succès. Après cela, Mademoiselle Lili, pour s'assurer qu'il a bien compris, lui fait faire d'autres comptes tout seul. « Je suppose, lui dit-elle, qu'il y ait 7 paniers, 8 boites, 4 sacs et 9 noix, comment écriras-tu cela ? » Toto écrit tout de suite 7849. « Bon, dit Lili, et s'il y avait 5 paniers, pas de boîtes, 2 sacs et 7 noix ? » Toto, un peu embarrassé d'abord de ces boîtes qui manquent, demande à Lili s'il ne faut pas mettre un zéro pour tenir leur place. « Oui, très-bien, dit Lili, et cela fait ?... — 5027... cinq mille vingt-sept noix, répond Toto. »

# NUMÉRATION

## LE COMPTE DES NOIX

Après cela Lili dit à Toto : « Si j'avais à faire le compte de toutes les noix d'un pays, il me faudrait remplir bien des paniers ; j'en mettrais mille dans chacun ; je les ferais placer ensuite sur des brouettes qui contiendraient chacune dix paniers ; cela ferait *dix mille ;* avec dix brouettes je remplirais une charrette, ce serait *cent mille.* Les noix contenues dans dix charrettes, j'en remplirais une barque, ce qui ferait dix fois cent mille, c'est-à-dire *un million ;* puis avec dix barques je remplirais un vaisseau : *dix millions.* J'aurais alors de grands magasins ; chaque magasin contiendrait les noix de dix vaisseaux : *cent millions.* Et puis je ferais marché avec des villes pour les fournir de noix ; je mettrais pour chaque ville dix magasins : mille millions de noix, ce qu'on appelle un BILLION. Hein ! s'il y avait seulement cinq villes, je serais joliment riche après leur avoir envoyé cinq billions de noix ! — Oui, dit Toto, il faudrait pourtant en garder pour nous. — Sans doute, répond Lili, tu as bien vu qu'il restait, en dehors des dizaines, 6 noix, 3 boîtes, 5 paniers. Il resterait probablement aussi des brouettes, des charrettes, des barques etc. Nous aurions encore de quoi faire fête à tous nos amis, et nous n'oublierons pas non plus les pauvres. »

## LE TABLEAU DE M^lle LILI

| Villes — BILLIONS | Magasins | Vaisseaux | Barques | Charrettes | Brouettes | Paniers | Boîtes — CENT | Sacs — DIX | Noix — UNITÉS |
|---|---|---|---|---|---|---|---|---|---|
| | MILLIONS | | | MILLE | | | | | |
| 5 , | 7 | 9 | 1 , | 8 | 6 | 2 , | 5 | 3 | 6 |
| 4 , | 2 | 0 | 3 , | 1 | 1 | 1 , | 9 | 6 | 0 |
| 8 , | 0 | 1 | 7 , | 2 | 2 | 4 , | 8 | 0 | 0 |
| , | 8 | 1 | 0 , | 0 | 0 | 0 , | 0 | 2 | 7 |

Pour faire voir à sa maman comme son cousin sait déjà bien compter, Lili a écrit sur un tableau de grands nombres de dix chiffres : unités, dizaines, centaines, mille, dizaines de mille, millions, dizaines de millions, centaines de millions et billions. M. Toto, le futur financier, les lit tous à sa tante, un peu lentement, mais sans se tromper, sauf qu'il dit quelquefois barques pour millions et paniers pour mille. Quand il a fini et que sa tante l'a embrassé, il demande si on ne peut pas compter plus loin que des billions. « Mais si, répond Lili, il y a des dizaines et des centaines de billions, et mille billions qui font un *trillion,* et mille trillions qui font un *quadrillion*. — Bien, dit Toto, je vois que cela ne finirait jamais. — Jamais, dit Lili, et pour la peine d'avoir si bien compris cela, demain nous verrons autre chose. — Sera-ce bien amusant ? demande Toto. — Sans doute, lui répond Lili, le calcul, c'est toujours amusant, mais c'est encore plus utile. A mon âge, je m'en aperçois déjà, on ne peut presque rien faire où il n'y ait quelque chose à compter. »

# ADDITION

L'ADDITION SUR LES DOIGTS

« Eh bien! a demandé Toto le lendemain à sa cousine, qu'est-ce donc que nous devons voir aujourd'hui? — Mets tes doigts devant tes yeux, lui répond Lili : nous sommes convenus, tu sais, qu'ils représentent, les dix premiers nombres, en commençant par le pouce de la main gauche — 1 — et finissant par celui de la main droite — 10. Supposé à présent que tu mettes les deux premiers à part et que tu veuilles savoir combien il y en aurait, si tu ajoutais 3, comment ferais-tu? — Dame! dit Toto après un instant de réflexion, je compterais les trois doigts qui suivent; 3, 4, 5 : cela ferait 5 doigts. — Très-bien, et si tu voulais en ajouter 4? — Je compterais 4 doigts : 6, cela ferait 6. — Très-bien! et si tu en ajoutais 7? — Je compterais 7 doigts. Bon, cela me mène jusqu'au 9. Est-ce cela? — Exactement : eh bien, mon petit Toto, ce que tu as fait là, ce sont de petites ADDITIONS ; l'*Arithmétique du grand-papa* t'apprendra à en faire de grandes. »

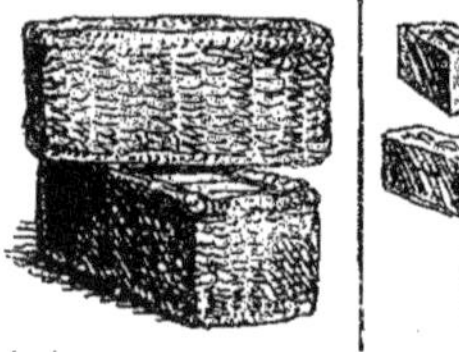

LES NOIX DU JARDINIER

Le jour suivant, le jardinier a apporté d'autres noix. Lili et Toto en ont fait aussi le compte. Il y a 7 boîtes, 9 sacs et 2 noix, autrement dit 792 noix. A présent la maman de Lili voudrait savoir combien elle possède de noix en tout. « Comment faire? dit Toto. — Bon, lui répond sa cousine, commençons par écrire les deux nombres l'un au-dessous de l'autre, comme cela : $\substack{2536 \\ 792}$; à présent si nous ajoutions les unités aux unités, les dizaines aux dizaines, les centaines aux centaines? Qu'en dis-tu? — Je dis que cela ferait très-bien, cousine. — Alors 6 et 2 cela fait? — 8. — Écrivons 8 unités; maintenant 3 et 9, cela nous donne 12 : 12 dizaines; mais 10 dizaines font une centaine, que je garde pour la réunir aux autres centaines, et j'écris seulement 2. Passons aux centaines : 5 et 7 font 12 et 1 que j'ai réservé, 13; j'en écris seulement 3, et les 10 autres faisant 1 mille que je joins aux autres mille, 1 et 2... — Font 3, s'écrie Toto triomphalement, et il y a en tout 3328 noix! Ma tante, 3328 noix! »

# ADDITION

## HISTOIRE DES MOUTONS

« Toto, dit Lili, il y avait autrefois en Orient un homme très-riche, qui avait sept troupeaux de moutons, chacun avec son berger. Voulant avoir le compte de tous ses moutons, il dit à chaque berger de compter les siens à part, en marquant sur une table avec de la craie pour chaque centaine une croix (+), pour chaque dizaine une barre (—), et pour les moutons en sus des points (...). Et voici ce qu'on trouva en réunissant tous les comptes. Après il promit sept moutons à celui des bergers qui lui dirait combien il y avait de moutons en tout, et ils trouvèrent tous, les uns après les autres, qu'il y en avait 35 centaines, 36 dizaines et encore 33 moutons. Est-ce que c'était bien? — Non, répond Toto; il y en avait 3,893. N'est-ce pas cela? — Tout à fait : ainsi c'est toi qui devrais avoir les moutons; malheureusement je ne puis pas te les donner. »

| | | | | |
|---|---|---|---|---|
| 7 | + 8 | — | 9. | |
| 5 | + 6 | — | 1. | |
| 4 | + 0 | — | 2. | |
| 8 | + 1 | — | 0. | |
| 6 | + 9 | — | 9. | |
| 2 | + 5 | — | 4. | |
| 3 | + 7 | — | 8. | |
| 35 | + 36 | — | 33. | |
| 38 | 9 | | 3 | |

LES DIX POMMES.

« As-tu encore une histoire d'addition à me raconter? a demandé Toto à sa cousine. — Non, répond-elle, aujourd'hui ce sera une histoire de soustraction : tiens, sur ce banc, voilà dix pommes; je suppose que tu en manges 1 par jour : dans 4 jours combien t'en restera-t-il? Et comment feras-tu pour le savoir? — Eh bien, dit Toto, je fais tomber quatre des pommes et je compterai les autres : 1, 2, 3, 4, 5 et 6. Il m'en restera 6. — Et dans 8 jours combien? — Ah! je n'ai pas besoin de compter, il m'en restera 2. — Très-bien : ce que tu viens de faire là, mon petit Toto, ce sont des soustractions, c'est-à-dire des retranchements. Pendant quelques jours nous nous exercerons sur les nombres jusqu'à 10, et puis jusqu'à 20, et quand tu n'auras plus besoin de pommes pour les compter, nous passerons aux *soustractions* en chiffres. Es-tu content? — Oui, dit Toto : seulement les pommes ce n'est pas comme les moutons. Elles sont là. — Et nous les croquerons, c'est entendu. Maman nous les donnera. »

# SOUSTRACTION

LES PETITS POULETS DE M^lle^ LILI

La maman de Lili a un beau poulaillier, qui intéresse beaucoup M^lle^ Lili et M. Toto. En ce moment surtout il y a une poule qui couve : deux ou trois fois par jour on va voir si les petits poulets sont sortis de leur coquille. Un matin on en trouve 5 roulant comme des petites pelotes autour de leur maman. « On avait mis 14 œufs dans le nid, dit Lili, voilà 5 poulets sortis : il s'agit de savoir combien il en reste à venir. Dis-nous cela, Toto. » Toto là-dessus fait 14 petites barres par terre, puis il en efface 5 et il compte les autres. « 9, il en reste 9! » C'est très-juste, on voit sortir les poussins l'un après l'autre, et quand le neuvième est venu il n'en reste plus. Toto a trouvé comme pour les pommes, mais il ne demande pourtant pas à manger les poulets. Toto ne comprend pas que, même en fricassée, on puisse manger les bêtes de sa famille. « Maintenant, lui dit Lili, sais-tu comment on appelle le nombre qu'on trouve pour résultat de la soustraction? Non, dit Toto, il a donc un nom? — Oui, on l'appelle tout simplement *reste* ou *différence*. — Et le nombre de l'addition, demande Toto, comment le nomme-t-on? — On le nomme *total* ou *somme*, ce qui n'a pas besoin non plus d'être expliqué. — Non, dit Toto, ce sont des mots très-français. »

# SOUSTRACTION

## LES NOIX DE LA MAMAN DE LILI

La maman de Lili veut envoyer des noix à la tante Sophie, à la grand'-maman, aux autres cousins et cousines et même à la bonne Marie, en tout 1149 noix. Elle voudrait savoir combien il lui en restera. « C'est bien facile, dit Toto, ma tante en a en tout 2536, elle en envoie 1149; il n'y a qu'à ôter les unités de celles-ci des unités des autres, les dizaines des dizaines, les centaines des centaines, le mille des mille, et le compte sera fait. — Eh bien! voyons, dit Lili : de 6 unités ôte 9 unités... ah! ah! cela ne va pas; eh bien, nous ajoutons une dizaine, cela fera 16 unités : ôte 7, reste 9. Puis, comme nous avons ajouté une dizaine au nombre supérieur, nous en ajoutons une aussi au nombre inférieur et nous disons de 3 ôte 5, non, de 13 ôte 5 reste 8, puis de 5 ôte 2 reste 3, et enfin de 2 ôte 1 reste 1. Il restera à maman 1387 noix. C'est bien assez pour la maison.

$$\begin{array}{r} 2536 \\ 1149 \\ \hline 1387 \end{array}$$

# MULTIPLICATION

LES NEZ DES PETITS CHATS

Toto est maintenant très-fort sur la *soustraction*, sans calembour. Lili profite d'une occasion qui se présente pour lui donner une première idée de la *multiplication*. « Il y a là quatre petits chats; combien y a-t-il de petits nez? — Eh bien? il y en a quatre aussi. — Et des pattes, combien y en a-t-il en tout? — Ah! il faudrait que je les compte, et ils ne font que les remuer. — Réfléchis : il y a quatre chats, et combien chacun a-t-il de pattes? — Quatre... Bon, je dis 4 et 4 font 8, et 4, 12, et 4, 16. Il y a 16 pattes. — C'est vrai, mais tu n'as fait là qu'une addition. Moi, j'aurais dit 4 fois 4 font 16, et j'aurais fait une multiplication, car la *multiplication* n'est qu'une *addition abrégée*. Pense donc, s'il y avait seulement 25 chats, il t'aurait fallu ajouter 25 fois le nombre 4 à lui-même. Au lieu de cela, il n'y a qu'à multiplier par 4 les unités et les dizaines du nombre 25, en disant 4 fois 5, 20. Je pose 0 et retiens 2, comme dans une addition; 4 fois 2, 8, et 2, 10, que je pose; tu vois, mon Toto, que tout cela est l'affaire d'un instant. »

# MULTIPLICATION

| 1 | 2 | 3 | 4 | 5 | 6 | 7 | 8 | 9 |
|---|---|---|---|---|---|---|---|---|
| 2 | 4 | 6 | 8 | 10 | 12 | 14 | 16 | 18 |
| 3 | 6 | 9 | 12 | 15 | 18 | 21 | 24 | 27 |
| 4 | 8 | 12 | 16 | 20 | 24 | 28 | 32 | 36 |
| 5 | 10 | 15 | 20 | 25 | 30 | 35 | 40 | 45 |
| 6 | 12 | 18 | 24 | 30 | 36 | 42 | 48 | 54 |
| 7 | 14 | 21 | 28 | 35 | 42 | 49 | 56 | 63 |
| 8 | 16 | 24 | 32 | 40 | 48 | 56 | 64 | 72 |
| 9 | 18 | 27 | 36 | 45 | 54 | 63 | 72 | 81 |

LA TABLE DE PYTHAGORE

« C'est très-bien, a dit Toto à Lili, je comprends parfaitement qu'on peut multiplier des mille, des dizaines de mille, des centaines de mille etc., comme tu as multiplié des unités et des dizaines, mais 4 fois 5, 6 fois 7, 8 fois 9, cela ne va pas tout seul pour trouver combien cela fait, et s'il faut que je fasse toutes ces petites additions-là, la multiplication ne sera pas encore si courte. Est-ce qu'il n'y aurait pas moyen de savoir tout de suite les réponses? — Si, répond Lili, on se sert pour cela d'une table de multiplication qu'on appelle aussi *table de* Pythagore, du nom de celui qui l'a inventée. Avec son aide on viendrait très-bien à bout, sans aucune espèce d'additions, des multiplications les plus longues. Mais pour ne pas être pris au dépourvu, comme on n'est pas toujours sûr d'avoir une table de multiplication dans sa poche, il est mieux de l'apprendre par cœur, cela n'est pas une grosse affaire. »

A QUOI SERT LA TABLE DE PYTHAGORE

Toto a très-bien compris tout de suite l'emploi de la table de multiplication. C'est bien simple en effet : on veut multiplier 4 par 3, je suppose, on voit où est le chiffre 4 dans la première ligne en haut de la table, et le chiffre 3 dans la première ligne à gauche, on suit en même temps les deux lignes, et au point où elles se rencontrent on trouve le produit : 12. Il n'a pas fallu non plus à Toto un temps si long qu'il le craignait pour savoir tous les produits sur le bout du doigt. Il a appris alors de lui-même à multiplier les nombres les plus grands par un seul chiffre ; mais comment faire pour les multiplier par un nombre de plusieurs chiffres, puisque la table de multiplication ne va que jusqu'à 9? « C'est facile, répond Lili, je suppose que nous voulons multiplier 365 par 24 ; je commence par multiplier ce nombre par 4, ce qui va tout seul et ce qui fait 1460. Maintenant il me reste à multiplier 365 par 20, c'est-à-dire par 2 dizaines, et pour cela je n'ai qu'à multiplier 365 par 2, ce qui fait 730, mais 730 dizaines, je dois donc poser le premier chiffre de ce nombre sous les dizaines du premier nombre. En additionnant alors 1460 avec 730 dizaines ou 7300, je trouve que le produit total est... » C'est à Monsieur Toto à finir le compte.

# MULTIPLICATION

MULTIPLICATION DES RUCHES

Un fermier a apporté au papa de Lili une ruche d'abeilles. On a dit à Lili et à Toto qu'une ruche en produisait chaque année une autre, que par conséquent il y en aurait deux la seconde année, qui en produiraient deux autres pour la troisième année, c'est-à-dire que le nombre des ruches serait doublé chaque année. Toto a voulu savoir combien il y en aurait au bout de vingt ans, et il a trouvé que leur nombre s'élèverait à 544,288. Rien que cela! L'oncle de Toto serait bien riche! Et Toto trouve que la multiplication est vraiment une bien belle chose. Il va maintenant s'occuper de savoir combien il y a d'abeilles dans une ruche pour calculer le nombre qu'il y en aura dans vingt ans. Grâce à la multiplication, il ne faudra que quelques minutes pour être renseigné sur ce formidable produit.

Supposons en effet qu'il y ait dans chaque ruche 8052 abeilles, ce n'est pas une grande affaire de multiplier un nombre de 6 chiffres par un nombre de 4 chiffres, dont il y en a un, le zéro, qui ne compte pas. On a soin seulement d'avancer d'une colonne de plus le produit du chiffre qui suit ce zéro, et, ma foi, le miracle est fait.

# DIVISION

SEPT DRAGÉES POUR CHACUN

Les trois petits enfants du jardinier sont venus jouer avec Lili et Toto, Celui-ci a 35 dragées, qu'il voudrait partager également entre tous les assistants. « C'est bien facile, dit Adolphe, le plus âgé des petits jardiniers. — Et comment t'y prendrais-tu ? demanda Lili. — Eh bien, je donnerais une dragée à chacun, et puis encore une, et ainsi de suite jusqu'à ce qu'il n'y en ait plus. — Sans doute, comme cela tu en viendrais à bout; mais il y a un moyen plus expéditif, et Toto et moi nous allons le trouver. Remarque une chose, Toto, c'est que quand toutes les dragées seraient partagées, il faudrait qu'en multipliant par le nombre des enfants le nombre des dragées que chacun d'eux aurait, on retrouvât le nombre total des dragées. Eh bien, y a-t-il un nombre qui, multiplié par 5, donne 35? — Oui, dit Toto, 7 fois 5 font 35. — Par conséquent?... — Par conséquent c'est 7 dragées qu'il faut donner à chacun. — C'est cela; et ce que tu as fait là c'est une DIVISION. Et si tu y réfléchis, tu verras que de même que la multiplication est une addition abrégée, la *division* est une *soustraction abrégée*, puisque Adolphe serait arrivé au même résultat que nous en ôtant 7 fois 5 dragées de tes 35 dragées. »

Dividende : 35. — Diviseur : 5. — Quotient : 7.

« Tout cela, dit M. Toto, est moins terrible que cela n'en a l'air. »

LES PETITS COCHONS

Toto est allé se promener avec Lili à la ferme. Ils s'amusent à regarder la grosse truie, qui a une quantité de petits cochons. Toto voudrait bien savoir combien il y en a, mais ils se cachent toujours dans la paille ou sous leur mère : impossible de les compter. Lili, qui en sait le nombre, dit à Toto : « Chaque cochon a 4 pattes, 2 oreilles et 1 queue, en tout 7 pièces, et tous les cochons en comptent 63, la mère comprise. Maintenant tu dois savoir combien il y a de cochons. » Et Toto, après avoir un peu repassé sa table de multiplication dans sa tête, trouve qu'il doit y avoir 9 cochons, vu que 9 fois 7 font 63, ou autrement que 7 est compris 9 fois dans 63. D'après cela, Toto conclut sagement que la *division* est aussi une *multiplication* retournée. « Juste, dit Lili : aussi, quand tu as fait une division, pour savoir si elle est bien, tu multiplies le diviseur par le quotient, et tu dois retrouver au produit ton dividende. »

# DIVISION

POUR LES COUSINS ET COUSINES

La maman de Lili, après sa provision faite, a encore de reste 3267 noix; elle voudrait les partager également entre tous les petits cousins, cousines, amis et amies de Lili et de Toto, qui sont en tout au nombre de 11. Comment faire? « Bon, dit Lili, écrivons toujours là sur le mur le nombre des noix, 3267, c'est-à-dire 3 paniers, 2 boîtes, 6 sacs et 7 noix. Voyons d'abord les paniers : il n'y en a que 3, pas moyen de donner seulement 1 à chacun. Mais ces 3 paniers font 30 boîtes, 32 avec les 2 qu'il y a déjà. 32 est plus grand que 11, il y aura donc des boîtes pour chacun. Combien? 2, je suppose. 2 fois 11 font 22, je retranche 22 de 32, il reste 10, qui est plus petit que 11, par conséquent c'est bien 2 boîtes qui reviennent à chacun. Je fais la même chose pour les sacs, puis pour les noix, et je trouve en tout qu'il doit revenir à chacun 2 boîtes, 9 sacs et 7 noix, c'est-à-dire 297 noix. »

# FRACTIONS ORDINAIRES

UNE ORANGE ET SEPT PETITS GATEAUX

La maman de Lili a donné aux deux enfants, pour faire la dînette, 1 orange et 7 petits gâteaux. Toto, devenu très-fort aussi sur la division, a dit tout de suite que chacun d'eux aurait pour sa part la moitié de l'orange, 3 gâteaux et la moitié d'un gâteau. « Oui, dit Lili; mais en arithmétique une moitié s'appelle un demi, c'est-à-dire 1 divisé par 2. Tu vois, dans ta moitié d'orange il y a six quartiers, 12 dans l'orange entière, chaque quartier est donc 1/12 d'orange et nous en avons chacun 6/12. Tu dois comprendre que si nous étions 12 à partager 6 oranges, nous aurions toujours 1/2 orange? — Oui, dit Toto, c'est clair. — Eh bien, tout cela, les 1/2, les 3/6, les 1/4, les 3/4, les 7/8, cela s'appelle des FRACTIONS, comme si on disait des morceaux de l'unité. »

# FRACTIONS ORDINAIRES

LE GOUTER

Le jour de la fête de Toto, deux de ses amis, Jules et Lucien, sont venus jouer avec lui et avec Lili. La maman de Lili leur a donné un beau gâteau pour leur goûter. On le partage en 4 parties, et chacun en a 1/4, c'est bien simple. Mais lorsque le gâteau est mangé, arrive Frédéric, un autre ami de Toto. Heureusement il arrive aussi un second gâteau. Toto, qui aime la justice, veut que Frédéric en ait d'abord 1/4, comme ont eu les autres. Il reste maintenant 3/4 de gâteau à partager entre 5. Ce n'est plus si simple. « De quoi s'agit-il? dit Mademoiselle le professeur Lili, de trouver une fraction 5 fois plus petite que cette fraction 3/4 que nous avons là. Fais attention. Qu'est-ce que ces 3/4 d'un gâteau? La même chose que 3 gâteaux divisés entre 4. Qu'est-ce qui serait 5 fois plus grand que cela? — Eh bien, dit Toto, 15 gâteaux divisés entre 4. — Alors tu dois comprendre qu'en divisant tes 3 gâteaux entre un nombre de personnes 5 fois plus grand, tu auras la fraction que tu cherches. — Oui, dit Toto, 5 fois 4 font 20. C'est 3/20 de gâteau qui reviennent à chacun. Vive l'arithmétique! »

$$\frac{1}{2} \text{ égale } \frac{2}{4} \text{ ou } \frac{4}{8} \text{ ou } \frac{8}{16} \text{ ou } \frac{16}{32} \text{ ou } \frac{64}{128} \text{ ou } \frac{128}{256} \text{ ou } \frac{256}{512} \text{ ou } \frac{512}{1024}$$

« Vivent les gâteaux aussi. dirent Jules et Lucien! »

PARTAGE DU GRAND GATEAU

« Oui, dit Toto au bout d'un instant en se grattant la tête, mais à présent que le gâteau n'est plus entier, on ne peut pas le diviser en 20 parties. — Sans doute, dit Lili, mais puisque nous savons qu'il y aurait eu 20 parties dans le gâteau entier, nous savons que dans le quart il y en a 4 fois moins, c'est-à-dire 5, et par conséquent, dans les 3/4, 5 fois 3 ou 15. Ainsi il n'y a qu'à diviser chacun des quarts qui restent en 5 ou les 3/4 en 15, et l'affaire sera réglée. — De sorte que, ajoute Toto, chacun de nous aura 1/4 et 3/20 de gâteau. Ah! combien cela fait-il en tout? — C'est bien facile à savoir : puisque 1/4 ou 5/20 c'est la même chose; joins ces 5/20 à 3/20, combien cela fera-t-il? — 8/20 répond Toto. — Exactement : d'où tu vois que pour additionner deux fractions ensemble il faut qu'elles aient le même dénominateur (c'est le nombre par lequel on divise), ce qu'on obtient toujours facilement en multipliant le numérateur (c'est le nombre qui est divisé) et le dénominateur de chacun par le dénominateur de l'autre. — As-tu compris? — Pas très-bien, dit Toto, mais cela viendra, comme pour le reste. »

« Moi j'ai compris, dit Lucien, qu'on finira toujours par manger le gâteau ! »

# LE RÊVE DE TOTO

LE GÉNÉRAL TOTO

« Il paraît, dit un jour Lili à Toto, que tous les hommes, dans tous les pays du monde, ont dix doigts comme nous et comme tous ceux que nous connaissons. Et comme dans tous les pays aussi on compte par dizaines, il paraîtrait que tous les hommes ont commencé, comme toi, à apprendre le calcul sur leurs doigts. — C'est évident, dit Toto, il n'y avait pas d'autre manière. Mais alors, ajoute-t-il au bout d'un instant, quand nous jouons aux soldats et que j'en ai dix à commander, ma compagnie me représente cent doigts, et si j'avais dix compagnies ou un bataillon, cela ferait mille doigts, et un régiment de dix bataillons en ferait dix mille; j'aimerais mieux compter avec des régiments, des bataillons, des petits garçons enfin qu'avec des sacs et des paniers de pommes, parce que comme cela je serais général ! »

# LE RÊVE DE TOTO

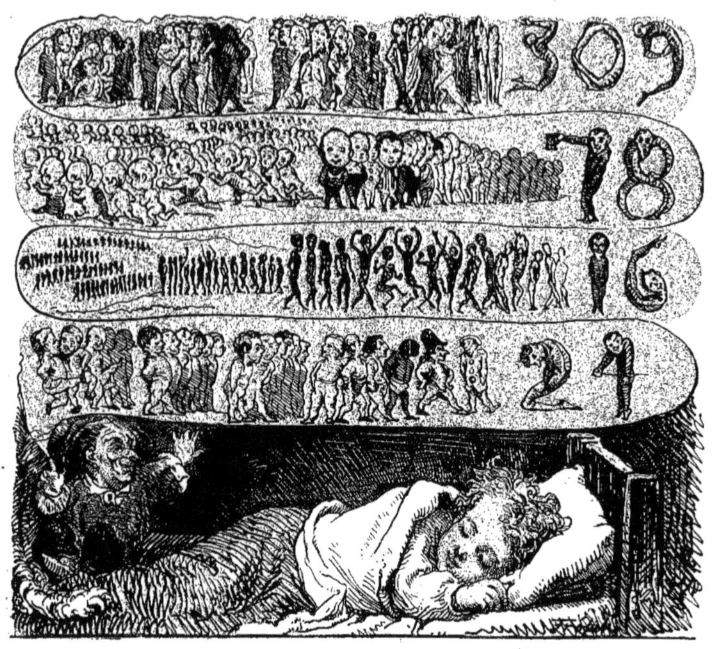


LE RÊVE DU GÉNÉRAL TOTO

Toto est resté très-séduit de l'idée d'avoir une armée à commander pour s'en servir à faire des calculs. Ne pouvant se donner ce plaisir en réalité, il se le donne en dormant. Il rêve qu'il a à sa disposition une armée d'un million d'enfants : 100,000 font une division, 10,000 un régiment, 1000 un bataillon, 100 une compagnie, 10 une escouade. Et il fait exécuter à son armée toutes sortes de manœuvres d'addition, de soustraction, de multiplication et de division, mais pas de fraction cependant. Exemples : voilà quatre compagnies, c'est-à-dire 400, dont il veut retrancher 91; 9 escouades et 1 homme se retirent, et il reste 3 compagnies (100), pas d'escouade (0) et 9 hommes; en tout 309 hommes. Ou bien il veut diviser un régiment (10,000) en 6 parties. Le régiment se place sur 6 rangs, chacun desquels compte 1 bataillon (1000), 6 compagnies (600), 6 escouades (60) et 6 hommes; en tout 1666 hommes. Il reste seulement 4 hommes en dehors, qu'on ne peut pas partager en 6. Jamais Toto, avec tous les soldats de plomb ou de bois qu'il a possédés, n'a fait de manœuvres qui l'aient tant amusé.

# FRACTIONS DÉCIMALES

LES COMPTES DE LA TANTE

Toto a proposé à sa tante de lui faire ses comptes de dépense, dont elle est souvent très-ennuyée. La maman de Lili n'a pas demandé mieux et voici ce qu'elle a donné à Toto pour commencer :

| | Fr. C. |
|---|---|
| 3 mètres de jaconat, à 2 fr. l'un . . . . . . . . . . . | 6,00 |
| 10 kilos de savon, à 0,25c | 2,50 |
| 1 kilo de beurre. . . . . . | 4,00 |
| 2 kilos de viande . . . . . | 3,60 |
| 2 kilos de pain . . . . . . | 0,72 |
| 5 litres d'huile à brûler. . | 4,25 |
| | 21,07 |

Toto, en voyant cette liste, est fort étonné. « Qu'est-ce que veulent dire ces 50, ces 60, séparés des autres chiffres par des virgules? » Lili lui explique que le premier chiffre 5 ou 6 signifie les dixièmes d'unité, comme les doigts des soldats de son rêve; le second chiffre des dixièmes de dixièmes, ou des centièmes; le troisième chiffre des millièmes et ainsi de suite. C'est ce qu'on appelle *fractions décimales;* on les additionne comme les unités, les dizaines etc.

OPÉRATIONS AVEC DÉCIMALES.

| Addition. | Soustraction. | Multiplication. | Division. | |
|---|---|---|---|---|
| 1355,294m | 2948,521 | 473,119 | 1,137,851,195 | 473,119 |
| 9327,012 | 1351,894 | 2,405 | 191,613,1 | 2,405 |
| 8011,009 | 1696,727 | 2365,595 | 2,365,595 | |
| 367,900 | | 189247,6 | 000,000 | |
| 21257,215m | | 946238 | | |
| | | 1137851,195 | | |

# POIDS ET MESURES

## SYSTÈME MÉTRIQUE

Toto sait bien qu'un mètre c'est un bâton d'une certaine longueur qui sert à mesurer les étoffes, les rubans, la corde; qu'un kilo est un poids pour le pain, la viande, les cerises, et qu'un litre est un pot en étain pour le vin, l'huile etc.; mais de tout cela il ne se fait pas une idée très-juste. Lili lui apprend que le mètre est une longueur fixe sur laquelle est fondé tout le système des poids et des mesures. On dit hectomètre (100 mètres), kilomètre (1000 mètres), et décimètre (dixième de mètre), centimètre (centième de mètre), et millimètre (millième de mètre). On a appelé gramme le poids d'un centimètre cube d'eau très-pure, et on dit de même hectogramme et kilogramme, et par abréviation kilo, parce que c'est le poids dont on se sert le plus couramment. Quant au litre, c'est une mesure d'un décimètre cube, et il y a aussi le décalitre et l'hectolitre et le décilitre. Tout cela a l'air très-compliqué; mais il n'y a rien de si simple une fois qu'on a compris. Lili montre cela à Toto avec les balances de sa maman.

### UNITÉS DES MESURES

| de longueur. | de pesanteur. | de capacité. | de surface. |
|---|---|---|---|
| Mètre. | Gramme. | Litre. | Are. |

## MESURE DU TEMPS

Toto a entendu dire que les montres servent à mesurer le temps, et il demande à Lili si c'est aussi à l'aide du mètre que se fait cette mesure-là. « Non, lui répond Lili, pour la mesure du temps on a fait exception. Le jour est divisé en 24 heures, l'heure en 60 minutes, la minute en 60 secondes. Tu as bien vu sur la montre de maman, il y a douze numéros et deux aiguilles; la petite aiguille marque les heures et fait le tour du cadran en douze heures, deux fois en un jour; la grande aiguille marque les minutes; elle ne met qu'une heure à faire le tour du cadran, où, en outre des douze numéros, il y a soixante petites divisions qui représentent les minutes. La petite aiguille est comme un vieux monsieur qui se promène sur une place et qui en fait le tour une seule fois, tandis que son chien, en courant, le fait douze fois. — Le chien, c'est la grande aiguille, dit Toto. » Ce qui montre qu'il a compris. Mais ce n'est pas tout de savoir mesurer le temps, l'important est de savoir bien l'employer. On dit que le temps est de l'argent; cela est vrai; mais le temps est beaucoup mieux encore : le temps est du travail et de la science, c'est-à-dire du bonheur pour soi-même et aussi pour tous les autres.

## LES VITESSES

Toto est déjà fatigué quand il a fait 4 ou 5 kilomètres. En se reposant cependant, il pourrait encore en faire à peu près autant dans sa journée. Comme la terre a environ 36,000 kilomètres de tour, à 10 kilomètres par jour il faudrait à Toto 3600 jours, c'est-à-dire près de 10 ans, pour faire le tour du monde, en supposant que sa marche ne fût pas arrêtée par la mer, qui occupe partout une grande partie de notre globe. En chemin de fer, à 40 kilomètres par heure, on parcourrait le même chemin en 900 heures ou 37 jours et demi. « Et pour aller dans la lune en chemin de fer, combien faudrait il de temps? demande Toto. — 8600 heures ou 358 jours. — Et pour aller jusqu'au soleil? — Ce serait beaucoup plus long, car il ne faudrait pas moins de 3,400,000 heures, 14,166 jours ou près de 39 années. Et cependant la lumière du soleil ne met qu'un peu plus de 8 minutes à venir jusqu'à nous. — Alors, dit Toto, pour aller jusqu'au soleil, le meilleur moyen serait de pouvoir se mettre à cheval sur un de ses rayons. Quel dommage que ce ne soit pas possible ! »

# LES LAPINS DE TOTO

LA MULTIPLICATION DES LAPINS

On a donné à Toto deux paires de lapins et on lui a dit que chaque paire lui donnerait 12 petits par an. A ce compte Toto aura l'année prochaine 28 lapins ou 14 paires, dont chacune lui donnera 12 nouveaux lapins, en tout 168 — 196 avec les 28 anciens. La troisième année il en aurait 1372, la quatrième 9604, la cinquième 67,228, la sixième 470,596, la septième 3,294,172... Toto s'arrête là dans son calcul, qui commence à lui casser la tête; mais voyant qu'au bout de sept ans il lui faut sept chiffres pour exprimer le nombre de ses lapins, il conclut fort judicieusement que dans vingt ans il y en aurait un nombre de vingt chiffres, c'est-à-dire s'élevant jusqu'à des quintillions. La France entière ne suffirait plus à les nourrir. « Heureusement, lui dit Lili, tu ne verras jamais tous ces lapins-là que sur le papier ou en rêve. Oui, dit Toto, et je comprends maintenant pourquoi on est obligé de les manger, ces pauvres lapins! Si on ne les mangeait pas un peu, ce seraient eux qui nous mangeraient ou bien qui nous feraient mourir de faim. » Malgré cela Toto est fâché que les choses ne puissent pas s'arranger autrement, et que tout le monde, les gens et les bêtes, ne puissent pas vivre paisiblement côte à côte, sans se dévorer les uns les autres.

## LA VOCATION DE M. TOTO

Décidément Toto ne s'était pas trompé sur sa vocation. Dans tout ce qu'il voit, tout ce qu'il entend, il cherche des sujets de calcul, et il en trouve. Ainsi il a entendu dire à sa tante qu'il mange à peu près une demi-livre ou 250 grammes de pain par jour, et il a calculé que sur ce pied-là, en 5 ans, il a déjà consommé 456 kilogrammes et 250 grammes de pain. C'est effrayant. « Juge alors, lui dit Lili, de ce qu'il t'en faudra pour toute ta vie quand tu seras plus grand et que tu mangeras davantage. Et puis il n'y a pas que le pain, il y a la viande et tout le reste. » Toto et Lili calculent alors combien il faudra de viande pour toute la vie, en supposant qu'on vive seulement 80 ans (ils pensent que ce n'est pas trop) et qu'on mange 250 grammes de viande par jour (ce qui n'est pas trop non plus). Ils trouvent que cela fait 7310 kil. 40 gr., ce qui représente bien 14 ou 15 bœufs ou une soixantaine de moutons, tout un troupeau. « Ainsi, dit Lili à Toto, pense à ce qu'il faut de pain et de viande, sans compter le reste, pour nourrir une ville comme Paris, qui a plus de 1,600,000 habitants, et imagine un peu ce qu'il faut d'argent pour payer tout cela. » « Pauvres bœufs et pauvres moutons! dit Toto. »

# LE CARRÉ ET LE CUBE

## LES PETITS MORCEAUX DE BOIS

Il y a une chose que Toto ne peut pas se mettre dans la tête, c'est comment il peut se faire qu'il y ait dans un mètre carré cent décimètres carrés, et ce qui lui paraît encore plus fort, 1000 décimètres cubes dans un mètre cube. Lili a bien pu lui affirmer que cela est, mais elle n'a jamais pu le lui expliquer bien clairement, par la raison qu'elle ne se l'explique pas à elle-même. Heureusement on leur a fait cadeau d'un jeu d'architecte dans lequel il se trouve un mètre de morceaux de bois servant à bâtir des petites maisons et dont Lili a l'idée de se servir pour bâtir des carrés et des cubes. Il y a en effet mille petits morceaux de bois bien droits de même dimension en longueur, largeur et hauteur : ce sont des cubes par conséquent et leurs dessus sont des carrés. « Supposons, dit Lili, que leurs côtés soient des décimètres. » Et alors ils voient que pour former un carré d'un mètre de côté, il faut 10 rangées de 10 petits carrés chacune, c'est-à-dire 100, et pour former un cube d'un mètre de côté, il en faut 10 couches de 100, c'est-à-dire 1000. Il n'y a rien de tel pour bien comprendre les choses que de les toucher du doigt.

Toto est enthousiasmé ; il voit bien que le calcul peut servir à tout ; que ponts, chemins de fer, maisons, églises, tout se fait par lui !

LES COURONNES DE M^lle LILI ET DE M. TOTO

M. Toto est un élève qui fait le plus grand honneur à son professeur, M^lle Lili. Elle-même, en montrant le calcul à son petit cousin, y a fait des progrès remarquables. Elle n'est pas le premier professeur à qui pareille chose soit arrivée. Lili et Toto, cela va sans dire, ont obtenu dans les petites écoles où ils vont, en attendant les grandes, tous les prix d'arithmétique, depuis le prix de *numération* jusqu'à ceux de *fractions* et de *système décimal*. Cependant ils ne s'endorment pas sur leurs lauriers. Ils ont suspendu leurs couronnes dans leur salle d'étude, afin que cette vue les encourage, car ils savent bien qu'ils ont encore beaucoup à apprendre, et ils continuent à se poser toutes sortes de problèmes et à tâcher de les résoudre ensemble ou séparément. C'est un très-bel exemple que M^lle Lili et M. Toto donnent là à tous les enfants de leur connaissance, qui, nous l'espérons, seront très-nombreux.

L'addition, la soustraction, la multiplication et la division sont la base de toute l'arithmétique; il n'y a pas, à proprement parler, d'autres opérations; mais les usages à en faire sont infinis. La science du calcul n'est pas moins curieuse et intéressante qu'elle est utile. Elle s'applique à tout, et jamais on n'aura fini d'y faire des découvertes.

# CONCLUSION

L'ARITHMÉTIQUE DU GRAND-PAPA

HISTOIRE DE DEUX PETITS MARCHANDS DE POMMES

PAR JEAN MACÉ.

L'oncle de Toto lui a fait passer un examen. Il est si satisfait de la manière dont Toto lui a répondu qu'il lui fait cadeau de l'*Arithmétique du grand-papa*, de M. Jean Macé. « Ce livre-là, dit-il à M. Toto en le lui montrant, est un fameux livre dans son genre, mon garçon. Tout ce que Lili sait en fait d'arithmétique, c'est à lui qu'elle le doit, et elle ne t'a rien appris qui ne soit, pour ainsi dire, emprunté à l'histoire des *Deux petits marchands de pommes*. Mais tu trouveras ses leçons si bien présentées dans le livre que, quand tu l'auras lu, je te défie de jamais l'oublier. »

www.ingramcontent.com/pod-product-compliance
Ingram Content Group UK Ltd.
Pitfield, Milton Keynes, MK11 3LW, UK
UKHW020432230726
13925UKWH00004B/1703